前　　言

本文件按照 GB/T 1.1—2020《标准化工作导则　第 1 部分：标准化文件的结构和编写起草规则》给出的规则起草。

本文件由中国地震局地球物理研究所提出。

本文件由中国地震学会归口。

本文件起草单位：中国地震局地球物理研究所、中国水利水电科学研究院。

本文件主要起草人：俞瑞芳、张翠然、陈厚群、俞言祥、李德玉、付长华、宋毅盛、周红、吕红山、孙吉泽、李敏、傅磊。

引　言

地震动参数的合理评估是结构抗震安全评价的基础。在近场大震情况下，近断层场地的地震动不仅受到断层面上邻近的、局部的有限部分的影响，还受到断层滑动方向、上下盘效应等因素影响，地震动模拟中若将破裂面视作点源模型，则无法体现出大震的近场特征。因此，对于地震地质环境较为复杂的重大工程场址，当受到近场一条或多条大震发震断层影响时，确定场址地震动参数需要建立一种能够考虑实际震源破裂过程、传播路径及场地条件等因素、且适合于工程应用的地震动参数评价方法。随机有限断层法是目前相对成熟、且操作性较强的近场地震动模拟方法。

2018年颁布的GB 51247—2018《水工建筑物抗震设计标准》明确规定“当发震断层距离场址小于10 km、震级大于7.0级时，宜研究近场大震中发震断层作为面源破裂的过程”，并且需要考虑“最大可信地震”对场址设计参数产生的影响。依据《中华人民共和国防震减灾法》，为贯彻预防为主的方针，当重要建筑场址遭受最大可信地震时，不致倒塌或发生危及生命的严重灾变。

场址最大可信地震动是指根据工程场地地震地质条件评估得到的最大可能地震对场址产生的地震动参数。在实际工程应用中，如何评估场址最大可信地震动参数缺乏可操作性的规定。

为了规范采用随机有限断层法确定场址最大可信地震动的方法、步骤和技术要求，特制定本文件。

本文件的发布机构提请注意，声明符合本文件时，可能涉及到相关专利的使用（专利号ZL 201811526724.4、专利号ZL 201811528301.6）。

本文件的发布机构对于该专利的真实性、有效性和范围无任何立场。

该专利持有人已向本文件的发布机构保证，同意在合理无歧视基础上，免费许可任何组织或个人在实施该团体标准时实施其专利（专利号ZL 201811526724.4、专利号ZL 201811528301.6）。

该专利持有人的声明已在本文件的发布机构备案。相关信息可以通过以下联系方式获得：

专利权人：中国地震局地球物理研究所。

地址：北京市海淀区民族大学南路5号，100081。

请注意除上述专利外，本文件的某些内容仍可能涉及专利。本文件的发布机构不承担识别这些专利的责任。

ICS 91.120.25
P 15

T

团 体 标 准

T/SSC 1—2022

工程场址最大可信地震动评估 随机有限断层法

Maximum credible ground motion evaluation of project site
— Stochastic finite fault method

2022-05-24 发布　　2022-10-01 实施

中国地震学会　发布

目　　次

工程场址最大可信地震动评估
随机有限断层法

1 范围

本文件规定了采用随机有限断层法评估场址最大可信地震动的方法、步骤及技术要求。

本文件适用于 GB 51247《水工建筑物抗震设计标准》规定的受近场大震影响的水利水电重大工程场址评估最大可信地震动参数。其他建设工程场址的地震动参数评估可参考使用。

2 规范性引用文件

本文件没有规范性引用文件。

3 术语和定义

下列术语和定义适用于本文件。

3.1

拐角频率 corner frequency

地震震源研究中，表示远场体波位移频谱的参量。与振幅谱高频渐近趋势（包络线）和低频趋势（零频水平）的交点（拐角）对应的频率。

3.2

动拐角频率 dynamic corner frequency

随机有限断层法中引入的概念，表示子断层拐角频率随断层破裂面积增大而降低的动态变化，可定义为与已经破裂的子断层的累积数量相关的函数。

3.3

凹凸体 asperity

地震发生时，断层破裂面上滑动量明显高于其他部分或地震矩释放比较高的破裂区域。

3.4

应力降 stress drop

地震前断层面上的剪切应力（初始应力）与地震之后断层面上的剪切应力（最终应力）的差值。

3.5

破裂速度 rupture speed

地震发生时，破裂前锋沿断层面传播的速度。

3.6

品质因子　*Q* factor，quality factor

描述地震波在传播过程中能量耗损的无量纲因子，定义为一周期内（或一波长的距离内）振动所消耗的能量 ΔE 与总能量 E 之比（即相对消耗量）的倒数，即：$2\pi/Q=\Delta E/E$。

3.7

场地高频衰减系数 κ_0　site-specfic high frequency attenuation coefficient κ_0

描述地震波在特定局部场地近地表高频衰减特征的参数。

3.8

断层上缘埋深　depth to fault upper edge

断层破裂面的上缘距地面的距离。

3.9

最大可信地震　maximum credible earthquake

根据工程场址地震地质条件评估的场址可能发生最大地震动的地震。

［GB 51247—2018，定义 2.1.5］

3.10

（标量）地震矩　（scalar）seismic moment

地震断层的面积、断层的平均位错和断层面附近介质的剪切模量三者的乘积定义的衡量地震大小的物理量，量纲为力矩，单位为牛顿·米（N·m）。在各向同性弹性体内与断层滑动等效的双力偶的每一个力偶的强度（矩），等于介质的刚性系数乘断层滑动量对断层面的积分。

3.11

地震破裂起始点　earthquake rupture initiation point

地震断层破裂开始发生的地点。

4　符号和缩略语

下列符号和缩略语适用于本文件。

PGA：地表峰值加速度（peak ground acceleration）

M_W：矩震级（moment magnitude）

$\Delta\sigma$：应力降（stress drop）

Q：品质因子（quality factor）

κ_0：场地高频衰减系数

T：周期

$S_a(T)$：加速度反应谱

$S_a(T_n)$：相应于第 n 个离散周期 T_n 的谱加速度值

5 基本规定

5.1 场址最大可信地震动评估应在工程场址地震安全性评价工作的基础上进行。

5.2 震源模型宜采用“动拐角频率”模型。随机有限断层法原理见附录 A。

6 工作内容

6.1 震源、地震波传播路径及场地衰减参数设置

对表 1 所示的主要参数进行设置。

表 1 主要参数

类别	名 称
物性参数	地壳密度；地壳剪切波速
震源参数	断层位置；运动性质；地震震级；断层破裂面尺度；断层走向；断层倾向；断层倾角；地震破裂起始点；破裂方向；破裂速度；震源深度；子断层位错分布；应力降
传播路径	品质因子（Q）
场地衰减	场地高频衰减系数（κ_0）

6.2 地震动模拟方案设计

设置不同参数取值权重系数的计算原则与方法；进行地震动模拟方案设计。

6.3 地震动模拟及分析

完成全部方案的地震动模拟，获得全部方案的地震加速度时程；计算每条加速度时程的峰值（PGA）及加速度反应谱（$S_a(T)$）；以 PGA 或任意周期 T_n 的谱加速度 $S_a(T_n)$ 为目标值进行统计分析，获得最小值、50%分位数值、均值、84%分位数值、95%分位数值及最大值。

6.4 场址地震动参数综合评价

设置场址地震动参数综合评价原则；确定场址地震动参数。

7 主要参数确定

7.1 影响场址的主要发震断层

7.1.1 对场址有主要影响的发震断层，一般应在场址地震安全性评价或场址范围内活动断层探察的基础上确定，具体步骤如下：

a）对场址 100 年超越概率 1%的地震危险性分析结果进行分解，以 PGA 为控制目标，确定 10 km 范围内对场址贡献最大的一个或多个潜在震源区；

b）以潜在震源区的地震、地质条件为依据，并考虑其与发震断层或主干断层位置的相关性，初步厘定对场址有影响的发震断层；

c）采用随机有限断层法计算每条发震断层对场址产生的地震动参数，以 PGA 均值最大为原则，最终厘定对场址有影响的发震断层。

7.1.2 确定发震断层的位置，应遵循以下原则：

a）当地表断层可以作为独立发震断层时，应直接采用地表断层的位置作为发震断层的位置；

b）当单一地表断层不足以作为最大潜在地震的独立发震断层时，应采用多条地表断层组合模式作为其发震断层；

c）对于地表迹象不明确的断层，宜采用最可能的断层位置和对场址产生较大影响的可能的断层位置。

7.2 发震断层几何参数

7.2.1 断层破裂面长度和宽度可按照断层性质及最大可信地震震级，采用经验公式进行估计。其中断层性质应按照断层调查或地球物理勘探结果确定，或基于场址区域震源机制解结果判定。断层破裂面尺度与地震震级之间的经验关系可参考附录 B。

7.2.2 断层走向、倾向和倾角应在充分分析地质资料的基础上，通过宏观震害调查、地质探槽、钻探、深部探测、小地震精确定位等手段来确定；倾角不明确的断层，可在合理的范围内设置多个取值。

7.3 最大可信地震震级

7.3.1 宜按照发震断层最大潜在地震震级取值。

7.3.2 可结合发震断层所在潜在震源区的震级上限综合取值。

7.4 子断层网格划分

发震断层应划分为若干个子断层，子断层网格尺寸（长或宽）可设定为 2 km~3 km，或根据实际断层尺度进行调整。

7.5 子断层位错分布

7.5.1 有震源破裂过程反演结果的断层，反演得到的断层面上的位错分布应作为一种位错分布模型。

7.5.2 对于子断层位错分布不明确的断层，可基于已有的统计结果（附录 C）设置子断层位错分布模型。发震断层面上设置凹凸体的个数不应少于 2 个，且最大的凹凸体位置可分别设置在距场址最近位置和相对较远的位置。

7.6 地震破裂起始点位置

7.6.1 有震源破裂过程反演结果的断层，反演得到的断层面上地震破裂起始点位置应作为一种位置方案。

7.6.2 根据地震地质背景或断层分布特点确定的地震破裂起始点位置可作为一种位置方案。

7.6.3 当断层面上地震破裂起始点不明确时，可沿断层走向方向的位置，将断层长度划分为 4 等份，分别取两侧和中央三个位置坐标作为两侧破裂和中央破裂起始点，如图 1 所示；沿下倾方向的坐标按照震中深度来设置。

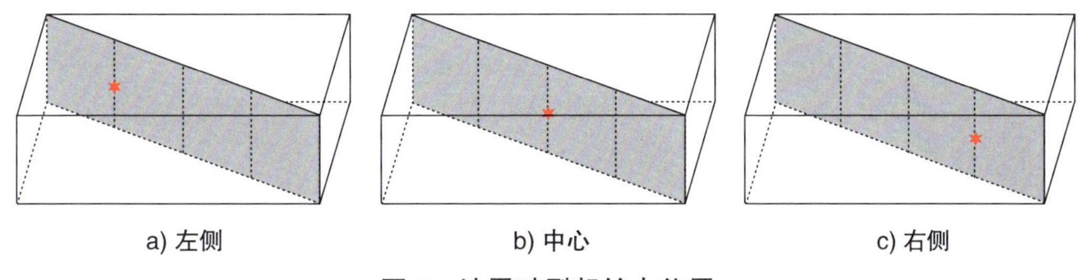

图1 地震破裂起始点位置

7.7 断层上缘埋深

可在 0 km~2 km 取值，且不应小于地表覆盖层厚度。

7.8 应力降

7.8.1 有研究结果的区域，应力降应按照研究结果取值；高应力降地区，宜开展专门研究。

7.8.2 没有研究结果的其他区域，平均应力降宜在 30 bar~40 bar 取值。

7.8.3 宜按照子断层非均匀位错分布（凹凸体区域与背景区域）考虑断层面上非均匀的应力降分布。

7.8.4 在应力降合理的取值范围内，应设置多个应力降取值。

7.9 破裂速度

破裂速度一般可取为地壳剪切波速的 0.8 倍；有研究结果的区域，应根据已有的研究结果取值。

7.10 地壳剪切波速

应根据场址所在区域的研究结果确定，可在 3.5 km/s~3.8 km/s 取值。

7.11 脉冲面积百分比

一般介于 25%~75%，地震动模拟中可取为 50%。

7.12 传播路径衰减

7.12.1 几何衰减可按照场址距离断层面的最近距离 R 确定。

$$Z(R)=\begin{cases}\dfrac{1}{R} & R\leqslant 70\ \text{km}\\ \dfrac{1}{70} & 70\ \text{km}<R\leqslant 130\ \text{km}\\ \dfrac{1}{70}\sqrt{\dfrac{130}{R}} & R>130\ \text{km}\end{cases} \qquad (1)$$

7.12.2 介质非弹性衰减中，品质因子（Q）采用单一取值方案。有研究结果的区域，Q 值应按照已有的研究结果取值；没有研究结果的区域，Q 值可参考附录 D 取值。

7.13 场地效应

7.13.1 场地放大因子可采用研究区域已有的研究成果取值；对于一般基岩场地，场地放大因子可取为1。

7.13.2 场地高频衰减系数 κ_0 的取值应遵循以下原则：

a） κ_0 应按照均值和均值±标准差三个水平设置；

b）基岩场地 κ_0 均值可按照平均剪切波速 V_{S30}进行估计，V_{S30}在 500 m/s～1500 m/s 范围取值时，κ_0 均值可在 0.018 s～0.038 s 取值，相应的标准差可取为 0.011 s；V_{S30}大于 1500 m/s 时，κ_0 均值在 0.010 s～0.017 s 取值，相应的标准差可取为均值的 15%；也可按照专门的研究成果取值。

7.14 地震动模拟样本数量

基于一组参数进行地震动模拟时，样本数量不应小于 30。

8 地震动模拟方案设计

8.1 模拟方案设计

8.1.1 对影响场址的每条断层，子断层位错分布应按凹凸体模型进行地震动模拟方案设计。

8.1.2 参数应在合理的取值范围内进行设置，对于多个取值的参数应设置不同取值的权重系数。

8.1.3 应按照图 2 所示设计地震动模拟方案。

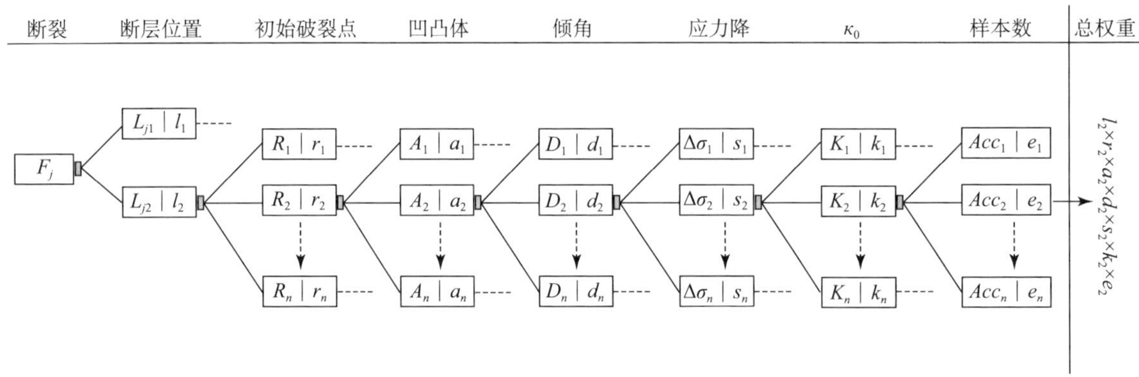

说明：

F_j 表示影响场址的第 j 个震源；L_{ji}表示第 j 个断层的第 i 个位置方案，l_i 为相应的权重系数；R_i 表示第 i 个初始破裂点位置方案，r_i 为相应的权重系数；A_i 表示第 i 个凹凸体设置方案，a_i 为相应的权重系数；D_i 表示倾角的第 i 个取值，d_i 为相应的权重系数；$\Delta\sigma_i$ 表示应力降的第 i 个取值，s_i 为相应的权重系数；K_i 表示 κ_0 的第 i 个取值，k_i 为相应的权重系数；Acc_i 表示地震动的第 i 个样本，e_i 为相应的权重系数。

图 2 地震动模拟设计方案（凹凸体模型）

8.2 权重系数设置

8.2.1 权重系数应按照各种工况发生的可能性进行设置。

8.2.2 断层位置若按照 7.1.2 条第 c）款进行设置，两个位置可按照等概率考虑，权重系数$l_i=\dfrac{1}{2}$。

8.2.3　每个凹凸体模型设置工况可按照等概率发生，权重系数 $a_i = \frac{1}{n}$，n 为模型个数。

8.2.4　不同地震破裂起始点位置可按照等概率发生，权重系数 $r_i = \frac{1}{n}$，n 为破裂起始点位置个数。

8.2.5　倾角若按照 7.2.2 条设置多个取值时，不同倾角可按照等概率发生，权重系数 $d_i = \frac{1}{n}$，n 为倾角取值的个数。

8.2.6　可根据每个应力降取值与研究区域平均应力降的偏离程度确定。

如果设研究区域平均应力降为 $\bar{x}$，则相应于每个应力降值 x_i 的权重系数 s_i 为：

$$y_i = \frac{1}{\exp\left|\frac{(x_i - \bar{x})}{\bar{x}}\right|} \quad \cdots\cdots (2)$$

$$s_i = \frac{y_i}{\sum_{i=1}^{n} y_i} \quad \cdots\cdots (3)$$

式中：n 为应力降取值的个数。

8.2.7　如果设特定场地 κ_0 的均值及标准差分别为 k 和 σ，则 κ_0 的取值分别为 $k-\sigma$、k、$k+\sigma$。三个取值可按照 0.3∶0.4∶0.3 进行权重系数分配。

8.2.8　每条样本按照等概率考虑，权重系数 $e_i = \frac{1}{n}$，n 为样本个数。

9　地震动模拟及分析

9.1　反应谱

9.1.1　地震加速度反应谱的阻尼比应为 5%。

9.1.2　地震加速度反应谱应包含工程所需的频率范围。

9.2　权重系数

9.2.1　应按照 8.2 节计算每个参数取值的权重系数。

9.2.2　对于如图 2 所示的地震动模拟方案，第 j 个震源第 i 个方案的总权重系数 W_{ji} 可通过公式（4）进行计算。

$$W_{ji} = l_i \cdot r_i \cdot a_i \cdot d_i \cdot s_i \cdot k_i \cdot e_i \quad \cdots\cdots (4)$$

9.3　地震动参数计算

9.3.1　应按照 8.1.3 条所示的地震动模拟方案，计算全部方案的加速度时程。

9.3.2　可计算每条加速度时程的峰值及加速度反应谱。

9.4　地震动参数统计

9.4.1　宜采用峰值加速度为目标值，计算全部方案的地震动参数统计值，包括最小值、50% 分位数值、均值、84%分位数值、95%分位数值和最大值。

9.4.2 可采用某一周期 T_n 的谱加速度值 $S_a(T_n)$ 为目标值，计算全部方案的地震动参数统计值，包括最小值、50%分位数值、均值、84%分位数值、95%分位数值和最大值。

10 场址地震动参数综合评价

10.1 地震动参数取值原则：

10.1.1 通过比较与每个震源相关的反应谱，按照实际工程结构所关注的频率范围，可取任一震源的地震动参数的综合评价结果作为场址地震动参数。

10.1.2 当不同震源的影响在所关注频率范围的一部分占主导地位时，可取不同震源地震动参数的外包线作为场址地震动参数。

10.1.3 根据实际工程需要，可取不同分位数的统计值作为场址地震动参数评价结果。

10.2 最大可信地震动参数取值应不小于84%保证率的统计值。

附 录 A
(资料性附录)
随机有限断层法

A.1 基本原理

随机有限断层法是基于随机理论发展起来的地震动模拟方法，主要思想是将一个发震规模较大的断层划分为一系列子断层（子源），然后将每一个子断层视为点源，得到每个子源在场址产生的地震动，最终累加所有子源对场址的贡献即可得到整个断层破裂在场址产生的地震动。

A.2 计算采用的基本步骤

在频域上综合考虑震源、传播路径及场地效应的影响，拟合出每个子源产生的傅立叶幅值谱 $F_A(M_0, f, R)$，即

$$F_A(M_0, f, R) = S(M_0, f) \cdot P(R, f) \cdot G(f) \cdot I(f) \qquad \cdots\cdots\cdots\cdots\cdots (A.1)$$

式中：M_0 为子源的地震矩；$S(M_0, f)$ 表示震源谱；$P(R, f)$ 描述传播路径衰减影响；$G(f)$ 描述场地效应影响；$I(f) = (2\pi f i)^n$ 为地震动类型因子，当输出为位移、速度和加速度时，n 的取值分别为 0、1 和 2；f 为频率；R 表示距离。

采用 $[0, 2\pi]$ 均匀分布的相位谱，将地震动傅立叶幅值谱 $F_A(M_0, f, R)$ 转换为时程。

根据断层与场址的几何关系以及地震波的传播过程，考虑每个子源破裂传播到达场址的延时，对地震动时程进行叠加，即

$$a(t) = \sum_{i=1}^{N_l} \sum_{j=1}^{N_w} a_{ij}(t + \Delta t_{ij}) \qquad \cdots\cdots\cdots\cdots\cdots (A.2)$$

式中：N_l 和 N_w 分别为沿着断层走向和倾向的子断层数目；a_{ij}为第 i 行 j 列的子源产生的地震动；Δt_{ij}为地震波传播的滞后时间。

A.3 震源谱模型

震源模型采用动拐角频率模型。子源的震源谱 $S_{ij}(M_0, f)$ 可以表示为：

$$S_{ij}(M_0, f) = \frac{CM_{0ij}H_{ij}(2\pi f)^2}{1 + (f/f_{cij})^2} \qquad \cdots\cdots\cdots\cdots\cdots (A.3)$$

式中：f 为频率。其他参数解释如下。

a）M_{0ij}表示第 (i, j) 个子源的地震矩；为了满足地震矩守恒的要求，并且使一个子源只触发一次地震，子源地震矩应为各子断层滑动量 S_{ij}的加权平均值，即：

$$M_{0ij} = \frac{M_0 S_{ij}}{\sum_{l=1}^{N_l}\sum_{k=1}^{N_w} S_{kl}} \qquad \text{(A. 4)}$$

式中：M_0 为总地震矩；S_{ij}为第（i，j）个子断层滑动量；$\sum_{l=1}^{N_l}\sum_{k=1}^{N_w} S_{kl}$ 表示所有子断层的滑动总量。

b）f_{cij}为动拐角频率，定义为：

$$f_{cij}(t) = 4.9 \times 10^6 \beta \left(\frac{\Delta\sigma}{(M_0/N) \times N_R(t)} \right)^{\frac{1}{3}} \qquad \text{(A. 5)}$$

式中：$\Delta\sigma$ 为应力降；β 为剪切波速；M_0 为总地震矩；$N_R(t)$ 为某一时刻子断层破裂的总数；N 为子断层总数。

在一次地震发生时，断层的所有区域不会一次性破裂完成，而是在某一时刻，只有断层的一部分区域发生破裂，只有这部分区域对拐角频率和地震释放的能量有贡献，其余部分暂时不破裂，随着断层破裂的发展，破裂区域会在断层上移动。脉冲面积百分比（PAP）就是用来描述破裂区域面积占断层总面积的比例，一般来说断层面积越大，脉冲面积百分比越低。

若令 $p = \frac{N_R}{N}$，则式（A. 5）定义的动拐角频率为：

$$f_{cij} = 4.9 \times 10^6 \beta \left(\frac{\Delta\sigma}{M_0 \cdot p} \right)^{\frac{1}{3}} \qquad \text{(A. 6)}$$

式中：p 表示了某一时刻破裂的子断层数目占总的子断层数目的百分比，可以写为：

$$p = \begin{cases} \frac{N_R}{N} & N_R < N \times PAP \\ PAP & N_R \geqslant N \times PAP \end{cases} \qquad \text{(A. 7)}$$

式中：PAP（Pulsing Area Percentage）为脉冲面积百分比。

可以看出，在动拐角频率中，当断层面破裂的面积占总面积的比例还没有达到脉冲面积百分比时，动拐角频率会随着破裂的发展而降低，当断层面破裂的面积占总面积的比例达到脉冲面积百分比时，断层会以这个最大极限的面积进行破裂，直至破裂完成，在这一过程中，动拐角频率保持不变。

c）C 为表达辐射方向性差异的常数，表示为：

$$C = \frac{R_{\theta\varphi} F V}{4\pi\rho\beta^3} \qquad \text{(A. 8)}$$

式中：$R_{\theta\varphi}$为辐射因子，可取为 0.55；F 为自由地表放大因子，一般取值为 2；V 为常数，取值为$\frac{1}{\sqrt{2}}$；ρ 为介质密度；β 为剪切波速。

d）H_{ij}是一个比例因子，表示为：

$$H_{ij}=\sqrt{\frac{N\int\{f^4/[1+(f/f_c)^2]^2\}\mathrm{d}f}{\int\{f^4/[1+(f/f_{cij})^2]^2\}\mathrm{d}f}} \quad \text{(A.9)}$$

式中：$f_c=4.9\times10^6\beta(\Delta\sigma/M_0)^{\frac{1}{3}}$；$N$ 为子断层总数。

A.4 传播路径衰减

传播路径衰减可以表示为：

$$P(R,f)=Z(R)\cdot D(R,f) \quad \text{(A.10)}$$

式中：$Z(R)$ 表示随距离 R 的增加使振幅减小的几何衰减，可写为 $Z(R)=R^{-n}$；$D(R,f)$ 表示由于地球介质对波能的吸收及耗散产生的非弹性衰减，可以写为：

$$D(R,f)=\exp\left\{\frac{-\pi fR}{[Q(f)\beta]}\right\} \quad \text{(A.11)}$$

式中：β 为剪切波速；$Q(f)$ 称为品质因子，用来描述地球介质对地震波能量耗散，在地震工程研究领域所关心的频率范围内，品质因子可以表示为随频率变化的指数形式：

$$Q(f)=Q_0f^n \quad \text{(A.12)}$$

A.5 场地效应

场地效应影响项可以表示为：

$$G(f)=A(f)\cdot K(f) \quad \text{(A.13)}$$

$A(f)$ 是近地表幅值放大因子，表示研究区域场地对地震谱的放大系数随频率的变化关系，可以表示为：

$$A(f)=\sqrt{\frac{Z_S}{\bar{Z}(f)}} \quad \text{(A.14)}$$

式中：Z_S 为震源处的波阻抗，可表示为震源处的密度和剪切波速的乘积；$\bar{Z}(f)$ 为地表处的波阻抗，是关于频率 f 的函数，表示近地表波阻抗的平均值，反映从表面到相当于四分之一波长的深度的时间加权平均值。

$K(f)$ 代表与路径无关的高频衰减项，可用 kappa 滤波器来表示，即

$$K(f)=\exp(-\pi f\kappa_0) \quad \text{(A.15)}$$

式中：f 为频率；κ_0 为特定场地与路径无关的高频衰减系数。

附 录 B
(资料性附录)
断层破裂面尺度与震级之间的经验关系

B.1 经验关系式

断层破裂面尺度与震级之间的经验关系如表 B.1 所示。

表 B.1 断层破裂面尺度与震级之间的经验关系

编号	断层类型	关系式
1*	走滑断层	$\lg S=0.90M_W-3.42$ $\lg L=0.62M_W-2.57$
	正断层	$\lg S=0.82M_W-2.87$ $\lg L=0.50M_W-1.88$
	逆断层	$\lg S=0.98M_W-3.99$ $\lg L=0.58M_W-2.42$
	所有断层类型	$\lg S=0.91M_W-3.49$ $\lg L=0.59M_W-2.44$
2*	走滑断层	$\lg S=M_W-k$ ($k=4.2\sim4.3$)
3*	所有断层类型	$\lg S=M_W-4.07$
4*	走滑断层	$\lg S=0.87M_W-3.22$ $\lg L=0.60M_W-2.48$
	倾滑断层	$\lg S=0.90M_W-3.41$ $\lg L=0.53M_W-2.10$
	所有断层类型	$\lg S=0.88M_W-3.29$ $\lg L=0.57M_W-2.29$

注：S 表示断层破裂面积；L 表示断层破裂长度；M_W 表示矩震级。

1* 来源文献：Wells D L, Coppersmith K J. 1994. New empirical relationships among magnitude, rupture length, rupture width, rupture area, and surface displacement. Bulletin of the Seismological Society of America, 84 (4): 974-1002.

2* 来源文献：Working Group. 1999. Earthquake Probabilities in the San Francisco Bay Region: 2000 to 2030 — A Summary of Findings, USGS, Open-File Report 99-517.

3* 来源文献：Sato R. 1999. Theoretical basis on relationships between focal parameters and earthquake magnitude. Journal of Physics of the Earth, 27 (5): 353-372.

4* 来源文献：王海云. 2004. 近场强地震动预测的有限断层震源模型. 哈尔滨：中国地震局工程力学研究所。

B.2 中国震级标度与矩震级 M_W 的转换关系

不同震级标度之间的转换关系如表 B.2 所示。

表 B.2 中国震级标度与矩震级 M_W 的转换关系

序号	转换公式	震级选取范围
1	$M_W=1.67m_b-3.33$	$4.5\leqslant m_b\leqslant 7.9$
2	$M_W=1.11m_B-0.49$	$4.5\leqslant m_B\leqslant 9.0$
3	$M_W=M_L-0.22$	$4.5\leqslant M_L\leqslant 7.0$
4	$M_W=1.02M_S-0.25$	$4.5\leqslant M_S\leqslant 7.0$
5	$M_W=1.03M_{S7}-0.13$	$4.5\leqslant M_{S7}\leqslant 7.0$
注：M_L 表示地方性震级；m_B 和 m_b 表示体波震级；M_S 和 M_{S7} 表示面波震级；M_W 表示矩震级。		

附 录 C
(资料性附录)
凹凸体模型设置方法

C.1 发震断层面上凹凸体的设置

发震断层面上凹凸体设置可参考以下统计规律，即

a）每个发震断层面上包含的凹凸体的数量通常为1~3个，平均为2.6个。

b）凹凸体的面积与断层破裂面积比大约为22%，与地震矩没有明显相关性。

c）最大的凹凸体的面积大约是断层总破裂面积的16%。

d）凹凸体上的滑动量约为整个断层平均滑动的2.01倍。

e）背景区域（凹凸体以外）的滑动量约为整个断层平均滑动的0.71。

C.2 模型设置方法

若将发震断层设定为含有两个凹凸体，则震源模型分为含凹凸体区域和背景区域（凹凸体以外的区域），设断层面平均位错为 D_{all}，可以表示为：

$$D_{all} = \frac{M_0}{\mu A} \quad \text{(C.1)}$$

式中：M_0 是地震矩；μ 是地壳剪切模量；A 是断层面面积。

总的凹凸体面积 A_a 为：

$$A_a = 0.22 \times L \times W \quad \text{(C.2)}$$

式中：L 和 W 分别为断层的长度和宽度。

最大凹凸体的面积 A_{a1} 为：

$$A_{a1} = 0.16 \times L \times W \quad \text{(C.3)}$$

第二个凹凸体的面积为 A_{a2}：

$$A_{a2} = 0.06 \times L \times W \quad \text{(C.4)}$$

背景区域面积 A_{bk} 为：

$$A_{bk} = A_{all} - A_a = 0.78 \times L \times W \quad \text{(C.5)}$$

凹凸体区域位错 D_{as} 为：

$$D_{as} = 2.01 \times D_{all} \quad \text{(C.6)}$$

背景区域位错 D_{bk} 为

$$D_{bk} = 0.71 \times D_{all} \quad \text{(C.7)}$$

附 录 D
（资料性附录）
品质因子估计方法

地震工程研究领域所关心的频率范围内，品质因子可以表示为随频率变化的指数形式，即

$$Q(f) = Q_0 f^n$$

式中：Q_0 为 1 Hz 处品质因子的取值；f 为频率；n 为研究地区的地震活动性因子，随地域不同而不同。

对于我国地震频繁活动的区域，Q_0 与 n 值均有相应的研究成果，如表 D.1 和表 D.2 所示。

表 D.1 中国大陆 Q 值的取值范围*

区域	Q_0 值	n 值	区域	Q_0 值	n 值
青藏高原褶皱区	200~250	0.50~0.70	扬子块体	325~400	0.45~0.55
松潘甘孜褶皱区	250~300		中朝块体	325~400	0.30~0.50
滨太平洋褶皱区	275~300	0.50~0.70	华南褶皱系（西高东低）	275~400	0.45~0.55
昆仑—秦岭褶皱区	275~325		天山—兴安褶皱区	300~425	0.30~0.50
塔里木地台	350~425	0.30~0.50	西伯利亚地台南端	450~500	0.45~0.70

注：青藏高原褶皱区包括冈底斯念—青唐古拉褶皱系、喀拉昆仑—唐古拉褶皱系和三江褶皱系。滨太平洋褶皱区包括东南沿海褶皱区、延边褶皱区和那丹哈达优地槽褶皱带。昆仑—秦岭褶皱区包括东昆仑褶皱系、秦岭褶皱系以及祁连褶皱系。

* 来源文献：丛连理，胡家富，傅竹武等. 2002. 中国大陆及邻近地区 Lg 尾波的 Q 值分布. 中国科学，32（8）：617~624。

表 D.2 云南地区 Q 值的取值*

区域	Q 值	区域	Q 值
云南地区	$238f^{0.338}$	滇西地区	$102.6f^{0.687}$
云南东部地区	$199.6f^{0.434}$	滇中地区	$92.7f^{0.553}$
云南西部地区	$281f^{0.349}$		

* 来源文献：胡家富，丛连理，苏有锦等. 2003. 云南及周边地区 Lg 尾波 Q 值的分布特征. 地球物理学报，46（6）：809~813。

参 考 文 献

[1] GB 51247 水工建筑物抗震设计标准
[2] GB 18306 中国地震动参数区划图
[3] GB 17741 工程场地地震安全性评价
[4] GB 17740—2017 地震震级的规定

图书在版编目（CIP）数据

工程场址最大可信地震动评估：随机有限断层法/中国地震学会著.—北京：地震出版社，2022.7

ISBN 978-7-5028-5460-7

Ⅰ.①工… Ⅱ.①中… Ⅲ.①工程地震—评估方法 Ⅳ.①P315.9

中国版本图书馆 CIP 数据核字（2022）第 111320 号

地震版 XM5220/P（6277）

团体标准

工程场址最大可信地震动评估 随机有限断层法（T/SSC 1—2022）

中国地震学会

责任编辑：王 伟

责任校对：俞怡岚

出版发行：地震出版社

北京市海淀区民族大学南路 9 号 邮编：100081

销售中心：68423031 68467991 传真：68467991

总 编 办：68462709 68423029

编辑二部（原专业部）：68721991

http://seismologicalpress.com

E-mail：68721991@sina.com

经销：全国各地新华书店

印刷：河北文盛印刷有限公司

版（印）次：2022 年 7 月第一版 2022 年 7 月第一次印刷

开本：880×1230 1/16

字数：48 千字

印张：1.5

书号：ISBN 978-7-5028-5460-7

定价：20.00 元